我 的 第 一 本 科 学 漫 画 书

升级版

科学实验王

KEXUE SHIYAN WANG

27 经度与纬度
JINGDU YU WEIDU

[韩] 故事工厂/著

[韩] 弘钟贤/绘

徐月珠/译

二十一世纪出版社集团
21st Century Publishing Group

通过实验培养创新思考能力

　　少年儿童的科学教育是关系到民族兴衰的大事。教育家陶行知早就谈到："科学要从小教起。我们要造就一个科学的民族，必要在民族的嫩芽——儿童——上去加工培植。"但是现代科学教育因受升学和考试压力的影响，始终无法摆脱以死记硬背为主的架构，我们也因此在培养有创新思考能力的科学人才方面，收效不是很理想。

　　在这样的现实环境下，强调实验的科学漫画《科学实验王》的出现，对老师、家长和学生而言，是件令人高兴的事。

　　现在的科学教育强调"做科学"，注重科学实验，而科学也必须贴近孩子们的生活，才能培养孩子们对科学的兴趣，发展他们与生俱来的探索未知世界的好奇心，《科学实验王》这套书正是符合了现代科学教育理念的。它不仅以孩子们喜闻乐见的漫画形式向他们传递了一般科学常识，更通过实验比赛和借此成长的主角间有趣的故事情节，让孩子们在快乐中接触平时看似艰深的科学领域，进而享受其中的乐趣，乐于用科学知识解释现象、解决问题。实验用到的器材多来自孩子们的日常生活，便于操作，例如水煮蛋、生鸡蛋、签字笔、绳子等；实验内容也涵盖了日常生活中可应用的科学常识，为中学相关内容的学习打下了基础。

回想我自己的少年儿童时代，跟现在是很不一样的。我到了初中二年级才接触到物理知识，初中三年级才上化学课。真羡慕现在的孩子们，这套"科学漫画书"使他们更早地接触到科学知识，体验到动手实验的乐趣。希望孩子们能在《科学实验王》的轻松阅读中爱上科学实验，培养创新思考能力。

北京四中　物理教研组组长　厉璀琳
　　　　　物理高级教师

伟大发明都来自科学实验!

所谓实验,是指在特定条件下,通过某种操作使实验对象产生变化,并观察现象,分析其变化原因。许多科学家利用实验学习各种理论,或是将自己的假设加以证实。因此实验也常常衍生出伟大的发现和发明。

炼金术是利用石头或铁等制作黄金的科学技术。以"万有引力法则"闻名的艾萨克·牛顿(Isaac Newton)不仅是一位物理学家,也是一位炼金术士;而据说出现于"哈利·波特"系列中的尼勒·乐梅(Nicholas Flamel),也是以历史上实际存在的炼金术士为原型。虽然炼金术最终还是宣告失败,但在此过程中经过无数挑战和失败所累积的知识,却进而催生了一门新的学问:科学。无论是想要验证、挑战还是推翻科学理论,都必须从实验着手。

主角范小宇是个虽然对读书和科学毫无兴趣,但在日常生活中却能不知不觉灵活运用科学理论的顽皮小学生。学校自从开设了实验社之后,便开始发生一连串的意外事件。对科学实验毫无所知的他能否克服重重困难,真正体会到科学实验的真谛,与实验社的其他成员一起,带领黎明小学实验社赢得全国大赛呢?请大家一起来体会动手做实验的乐趣吧!

目录

人物介绍

范小宇

所属单位: 韩国代表队

观察内容:

· 忽视时差问题,差点儿错过开幕式。

· 对于把实验当作庆典的奥林匹克竞赛舞台感到相当新奇。

· 产生一种士元把自己当作秘密武器的错觉。

观察结果: 基础知识仍有不足,但拥有过人的学习能力,在听完实验伙伴的说明后,可以瞬间吸收,变成自己的知识。

江士元

所属单位: 韩国代表队

观察内容:

· 在第一场比赛的前夕,将紧张的心怡和聪明带往一处令人意外的场所。

· 拥有敏锐的观察力,不放过任何细节。

观察结果: 看似冷淡,却能体贴地观察到队员的情况,并且做出快速又准确的判断,是黎明小学实验社真正的领导者。

罗心怡

所属单位: 韩国代表队

观察内容:

· 偶然拿起乒乓球拍,再一次发挥隐藏的神力。

· 和士元一同体验运动和科学之间的相关性,稍微缓解了参加奥林匹克竞赛带来的紧张感。

观察结果: 看起来似乎还需要一点儿时间来适应奥林匹克竞赛,却因为拥有坚毅的性格,所以能够心平气和地让自己慢慢适应环境。

何聪明

所属单位： 韩国代表队

观察内容：

· 为了加强小宇的基础科学知识而替他进行个人辅导。

· 就算用掺了沙拉酱的牙膏来刷牙也察觉不出来，十分敦厚老实。

观察结果： 因为即将登上世界级舞台而紧张到呼吸困难。

露·玛蒂尔

所属单位： 马达加斯加代表队

观察内容：

· 好不容易才克服了时差，散发出可爱又天真烂漫的魅力。

· 法式传统打招呼方式，让小宇感到脸红心跳。

观察结果： 即使来到形势紧张、硝烟味儿十足的比赛会场，也能扮演好舒缓紧张气氛的和事佬角色。

江临

所属单位： 中国代表队

观察内容

· 一改以往的邋遢模样，这次是以整洁利落的形象出现在奥林匹克竞赛中。

· 打造了华丽的开幕式舞台，让所有参赛者感动不已。

观察结果： 负责准备科学奥林匹克竞赛的开幕式舞台，从中展现出想成为伟大科学家的抱负。

其他登场人物

❶ 在比赛前夕疯狂吃坚果的田在远。

❷ 绞尽脑汁想要见到士元的江瑞娜。

❸ 去年冠军美国代表队的领导者托马斯。

第一部

你好，北京

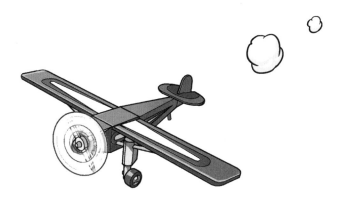

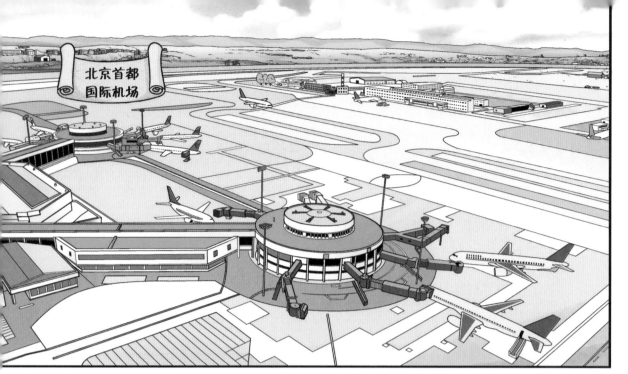

北京首都
国际机场

来了！

韩国代表队
抵达机场了！

江士元
出现了！

请发表一下
第一次参加国际
科学奥林匹克竞
赛的感想！

……

你们的目标
是拿到第几
名呢？

当然无可奉告了！

无可奉告，请让开！

这就是江士元的真面目！

他可是超级自我主义者，冷酷抛弃了伙伴，自己跑去坐头等舱！

千万不要被他的外表蒙骗了！

呵

其实真正的王牌是我……

反应冷淡

是田在远同学！

韩国代表队的焦点人物。

咔嚓

哦哦哦

唰

咔嚓

请问这次有什么特殊策略吗？

那个……我话还没说完呢……

转身就走

13

啊！田在远同学消失了！

刚才还在这里啊？

谢谢你帮我转移记者的注意力，

但是请你尽量不要对外公布我的隐私。

什么？

出口 5

......

快步追上

没义气！

为什么？怕我全部说出去吗？怎么不再用飞机上的态度对我呢？

我要你分一点儿你吃不完的飞机餐给我时，你当时是怎么回答我的？

你忘了吗？

愤愤不平

突然冒出

大冒三丈

我记得那是你第 12 次跑过去时发生的事吧！坐飞机的途中，你三番五次跑进头等舱。

我还以为你是在测试士元的耐心呢！

不关你的事！

如果我是你的话，会帮助江士元保持最佳状态。因为士元的状态跟黎明小学实验社的整体实力是呈正比的。

这是我身为朋友给你的忠告，铭记在心吧！

哼！我才不需要你的忠告！

拜拜

咔嗒

啪

转身

什么东西啊？

压过

咕噔

嗯……

愣住

痛

啊！行李箱的轮子压到别人的脚了！

天啊！怎么办！

对……对不起！因为你的脚伸到走道上了，所以我才会……

现在几点了？十点的巴士开走了吗？

嗯？十点的巴士？你的脚没事吧？

巴士已经开走了，现在十点四十五分！

唉！一不小心又睡着了。

不久前明明还不到十点，已经又过了一小时啊！

不好意思，如果看到开往奥林匹克竞赛会场的巴士，可以叫我一下吗？

我是要参加比赛的代表队成员！

哦！原来你跟我们一样都是科学爱好者啊！放心吧！

我会看着手表，准时通知你的！

你戴手表了？哪里捡来的啊？

捡来的？

锵！这只手表！

吊儿郎当

爷爷　爸爸

它是陪伴了我爷爷二十五年、我爸爸十五年岁月的手表哟！

是为了纪念我代表国家出国比赛，才把手表传给我的！

怎么样？比你的录音机帅多了吧？

晕

不过这只手表的确一看就像是有四十年历史。

唉

5 S

国际奥林匹克竞赛会场

孩子们！巴士来了！赶快上车吧！

好！

听到了吧？巴士来了哟！现在要上车……

……

巴士来了！

快点儿醒过来！

沉睡中……

她什么时候又睡着了？

呃

朋友！

赶快醒来啊！

拍拍拍

沉睡

呼……

我尽力了！

你就搭十二点的巴士去吧！

国际奥林匹克竞赛会场

……

停住

……

可恶！

真讨厌自己这么善良！

19

……

呼呼呼

呼

呼

这样子睡觉，脖子会酸痛吧……天啊，还打呼。

呼呼大睡

该不会等一下还要流口水吧！

觉得困扰就坐到后面去呀，不是还有很多空位吗？

你说这话也太没良心了吧！

同为参赛者，你就没有友爱之心吗？要坐在她旁边，下车时叫醒她才对吧？

是这样吗？不是因为她长得可爱才帮她的吗？

什么？绝对不是这样子！

心怡！你不要误会哟！

着急

误会什么？

啊，醒了！

嗯……

天啊，我是怎么跑到巴士里面的？

一、无意地搭上巴士，然后又睡着。

二、我是在做梦。

答案是?

喂……

哇

在我的国家，现在差不多是凌晨五六点，

再加上季节也跟这里完全相反，所以我还没有适应这里的环境。

打哈欠

答案是三！在正义英雄帮助之下，顺利地搭上巴士！

你这女孩子也太迷糊了吧，居然大白天就睡到打呼？

哈哈

你知道我为了背你上巴士有多辛苦吗？

啊！原来是这样啊！

你听到了吗？她现在好像在说梦话？

不是啦，她说的好像是真的！

那她到底是从哪里来的啊？时间跟季节居然不一样！

好奇的话就问她啊！

叽里呱啦

你好啊！我是从韩国来的范小宇，我……

唰

21

贴紧

又睡着了？

沉睡中

喂！你先醒过来一下啦！

我正想问你是来自哪个国家，你就这样睡着了，我要怎么问？

呼

呼

拍拍拍

呼！真吵！

叽叽喳喳，嚷嚷个不停！

生气

喂，范小宇，

我告诉你答案的话，你就会安静下来吗？

我真的很困呢！

你们认识她吗？

怎么可能啊，但是只要稍微观察一下，

再利用基本的科学知识，一点儿都不难猜到。

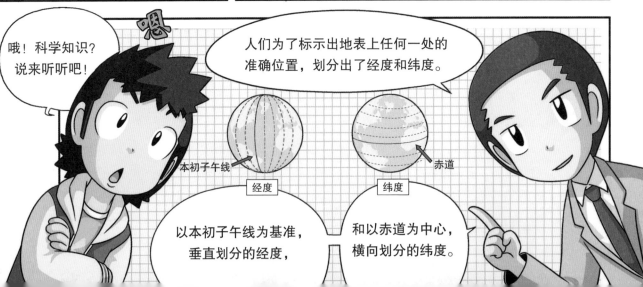

哦！科学知识？说来听听吧！

嗯

人们为了标示出地表上任何一处的准确位置，划分出了经度和纬度。

本初子午线

经度

赤道

纬度

以本初子午线为基准，垂直划分的经度，

和以赤道为中心，横向划分的纬度。

哇!真了不起!光靠两句话就能推理出这些!

我有点儿尊敬你们了呢!

所以说她是南非共和国的代表吧?

没错。

这只能算是基本常识而已吧!

啪

我们从现在起好好相处吧,好不好?

这……

呀吱呀吱闹闹

嘿

会场入口到了。

国际奥林匹克竞赛会场

嗯?!

只是来自南非共和国的概率比较高而已,并不能就此断言啊!

虽然概率较低,但是非洲大陆上也有其他国家曾经参加奥林匹克竞赛。

话虽如此……

呼

是这样吗?

陶醉

大家都看到了吗？

呵呵呵呵

哇哈哈哈哈

她肯定是爱上我了！江士元，你现在已经过气了。

心怡，我就是这样的男生啊！呼！

我的魅力无国界！

田在远，你也看到了吧？羡慕我就直说吧！

放开我！

马达加斯加！

在法国长时间的殖民统治之下，马达加斯加的国民相当熟悉法国的文化和语言，

有朋友来接她了！

翻身

什么嘛！

你们的推理都错了！

我们的推理没错，很接近答案了！

我要收回对你们的尊敬。

29

互亲双颊在法国是很普通的打招呼方式，朋友之间当然也会用这种方式打招呼。

并不是喜欢上对方的意思。

什么？

难怪我觉得怪怪的。

你是在妒忌我的人气吧？

你怎么知道露的心意？

这……这是？

飞舞

噗

哭哭哭

32

这个不是回力镖吗？
我也会玩回力镖哟！

怦然心动

喂！江士元！
我们是住同一个房间吧？

我要去让大家见识一下我们的厉害。

唰

我的背包就拜托你拿回去了！

？

吵闹

喧哗

人声鼎沸

小宇不见了吗？

我就知道会这样！他一定又是根据本能冲动行事了！

别担心！他知道房间号码，自己会平安回来的。

34

实验 1　确认地球的形状

　　在很长一段时间内，人类一直以为大海是平的，认为沿着大海直行到尽头，就会遇到悬崖。直到 1519 年至 1522 年麦哲伦的探险船队成功航海环行地球一圈，证明了地球是球形的，人类才知道大海不是平的。接下来，我们就一起利用篮球和纸船，进行一项简单的小实验，确认地球的形状吧！

准备物品：篮球 、纸船

❶ 两个人对面坐着，把篮球放在两人中间，坐在篮球后侧的人将纸船从篮球的后侧往前侧移动。

❷ 坐在篮球前侧的人观察沿着篮球表面移动的纸船。

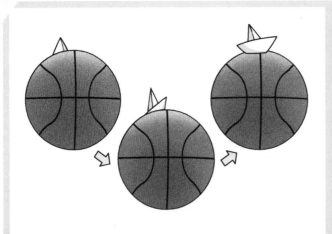

❸ 让纸船沿着篮球表面由后侧往前侧移动，位于篮球前侧的人首先会看到船帆，然后再慢慢看到整艘纸船。

当我们观察船只从远方的海面上慢慢向我们驶近时，就会如同刚才的实验，先看到船只的桅杆顶，再慢慢看到船身，最后才看得到整艘船。如果地球是平的，当我们在观察从远方海面向我们驶近的船只时，我们应该从一开始就会看到整艘船。但因为地球是球形的，船只是沿着圆弧曲线移动的，显露在我们眼前的船身部分自然会随着船只与海平面的角度不同而改变。除此之外，就如同麦哲伦朝着同一方向持续航行，就能环绕地球一周，纸船如果沿着篮球表面持续朝着同一方向移动的话，最后也会回到原先出发的位置。

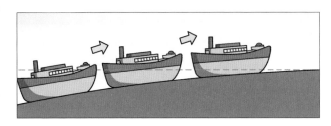

实验2 体验科里奥利力

地球一天会自转一圈，由于地球自转而使地球表面的运动物体受到与其运动方向相垂直的偏向力，即"科里奥利力"，这股力量会使风向偏离原先的方向，这就是造成台风旋涡的原因。现在我们就一起通过实验来认识地球自转时产生的科里奥利力吧！

准备物品： 排球 、游乐转盘

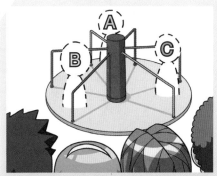

❶ 三个人依照图片所示位置分别站在公园里的游乐转盘上。

❷ 在游乐转盘静止状态下，A将排球丢给C。

❸ 在游乐转盘逆时针转动状态下，A 再次将球丢给 C。

❹ A 丢向 C 的球会往右边偏，跑到 B 手上。

这是什么原理呢？

在游乐转盘静止状态下，丢出去的球几乎是直线飞行，但是当游乐转盘开始转动时，我们会发现，丢出去的球的飞行方向会受到科里奥利力影响而发生偏转，球不会飞向目标位置。这种现象也会发生在地球身上。当风从极地吹向赤道时，北半球的风向会往右偏移，南半球的风向则会往左偏移，这是因为地球是由西往东自转的关系，地球自转时产生的科里奥利力不仅会改变风向，也会对洋流、台风的运动方向造成影响。

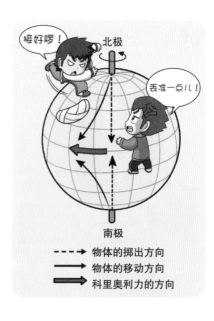

- - - ▶ 物体的掷出方向
— ▶ 物体的移动方向
➡ 科里奥利力的方向

第二部 时差的秘密

奇怪，我以为你会抢第一个去呢！

你为什么会有这种毫无根据的想法？

因为你从刚才开始就一直四处张望，好像在找什么。

惊吓

马克斯这家伙！被他发现我在找士元了吗？

我本来想自己偷偷出去……

哈

我哪有啊？我脑中只有实验比赛，想要维持自己的最佳状态而已啊！

歇斯底里

对其他事情一点儿兴趣也没有！

我还没进房间呢！

砰

312

瑞娜真的怪怪的呢！

哈哈

她每次说谎时都会提高嗓门儿。

41

42

所以你是根据观察才知道那个女生不是来自南非共和国的代表吗?

望眼欲穿

嘿!

那个女生上巴士时,

我看到她背包旁边的国旗了。

马达加斯加国旗

所以你从一开始就知道答案了吧?

难怪看起来自信满满!

哇!

也可以这么说。

抽出

未来小学的那些家伙没看到背包上的国旗,浪费时间跟小宇说明了那么多,还真是辛苦了!

嘻嘻

对吧!小宇!

我唯一的铅笔盒就这样毁了,书也烂掉了!

牙刷也弯掉了!

已经没办法恢复原状了。

你到现在还没振作起来啊!

凄惨

飘 飘

43

其实，未来小学的人跟你全都看到了那面国旗。

咦？我吗？

唉声叹气

嗯，因为那面国旗标志非常大。你不记得自己看过，是因为大脑不会将眼睛所看到的一切完整地记录下来，

而只会选择保留印象较强烈的部分，所以某些情报会被大脑忽略掉。

海马体 可将重要的信息留下来，形成长期记忆。

尤其是未来小学实验社的人已经听到露说过的话，

在听到的那一瞬间，他们已经对她来自哪个国家做出了判断，所以会更加忽视眼睛所看到的情报。

在我的国家，现在差不多是凌晨五六点，再加上季节也跟这里完全相反，所以我还没有适应这里的环境。

听不太懂你在说什么……

你怎么会听不懂？我可是完全听懂了。

消沉

真的吗？

不就是你虽然明明听到我拜托你帮忙拿背包，

却将我说的话列入不需要的信息，忘得一干二净的意思吗？

帮我拿背包！

自动忽略！

唰

才不是！

我想说的是，观察并非只是单纯用眼睛看而已。

而是要抛弃固有成见，从客观角度来分析才行。

听到了吧，

他刚才承认自己的错误了！

知道错了就赶快向我道歉！

不然我不会原谅你的！

发火

黑

有时真觉得你好恐怖……

我们先收拾一下行李吧！

总共有两个房间，士元睡单人房，我跟小宇就睡在双人房……

哈哈

谁决定的？

啊？

唰

啪！

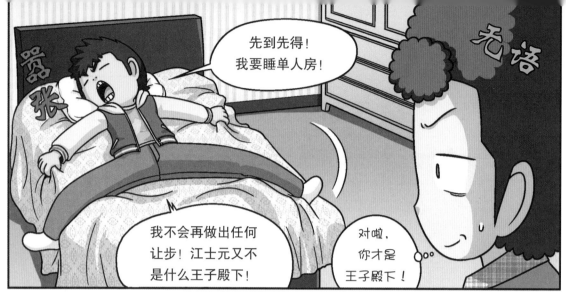

先到先得！我要睡单人房！

嚣张

无语

我不会再做出任何让步！江士元又不是什么王子殿下！

对啦，你才是王子殿下！

随便你们，我无所谓。

听到了吧？连江士元都这样说了！

啪

那就大致整理一下，我们……

好吧，

突然

好啊！

啪

我们来准备一下明天入场时要穿的衣服吧！

这可是全世界转播的比赛，要多花点儿心思才行。

喂，我说的不是这个……

喷

你以为这里是奥林匹克服装秀吗？

这件衬衫怎么样？很绅士吧？

还是穿这件贵族风格的衣服呢？

不然就走可爱路线？

我们出去看星星吧，听说广场上安装了天文望远镜，可以让我们观察星星哟！

而且我听说还会展示参赛者亲自制作的望远镜哟！

这是从作品中观察其他代表队实力的好机会，你会跟我们一起去吧？

我对其他代表队的实力不感兴趣。

咔嗒

灵光一闪

你要去哪里？

广场。

对了！就趁现在！

不过，观察星星可以转换一下心情，应该很不错。

太好了！我们赶快出发吧！

我……

47

你……你们先出发，我……我……

我要再检查一下其他的东西有没有坏掉，整……整理完再过去。

知道了！待会儿见！

砰

……

我还有一件非常重要的事情要做！

而且！

奸笑

唰

江士元！你果然准备得很齐全！

黑嘿嘿嘿嘿嘿嘿

但是你却忘了一件事！

48

那就是不该伤害我的自尊心！而且这已经是第二次了！

每件衬衫都拔掉一颗纽扣！

再把梳子丢到床底下！

拆掉运动鞋的鞋带！

将成对的袜子打散乱放！

沙拉酱口味的牙膏！

很好！大功告成！这就是针对完美主义者量身打造的复仇方式！

208

来自两处的光热，会让地球温度飙高，人类将无法生存下去。

而木星的引力非常大，除了影响地球的气候，也将改变地球的公转轨道。

没错，其实现在的木星也像一个小小太阳系一样，拥有许多颗卫星。

有超过六十颗吧！

这边！我看到伽利略卫星了！

哇！

我看看！

伽利略卫星？

嗯，伽利略用自己亲手做的折射望远镜观察木星时，发现了四颗卫星。

欧罗巴（Europa）

艾奥（Io）

加尼美得（Ganymede）

卡里斯托（Callisto）

这些就是伽利略卫星。

哇

你说的伽利略，是那个说"地球是圆的"的伽利略吗？

哇哦♥

什么？

地球是圆的？

还因此受到审判！

啊呵

不要再开玩笑了！伽利略主张的并非地球是圆的，而是地动说啦！

这样会误导小朋友哟！

地动说？

就是地球绕着太阳公转的地动说啊！当时的人们相信地球是宇宙的中心，太阳和其他行星绕着地球转，但是伽利略却主张哥白尼的地动说，因此被当时的教廷宣判有罪啊！你明明都知道，为什么还要装傻？

噼里啪啦

地球　太阳

天动说

地球　太阳

地动说

咦？

哦！所以说，他主张的不是地球是圆的，而是地球会动啊？

这两样差不多吧！

明明差很多！

让我惊讶的是这么一位具有实力、发现木星卫星的科学家，却在审判上输了。

长久以来，人们一直坚信地球是宇宙的中心，

所以只相信和接受有利于这个信念的证据。

53

这种跟科学技术发达与否无关的事情，常常发生在我们周围，

带有成见的观察会让人看不清眼前的证据。

啊……

没错，就如同过去人们不相信地球是圆的，虽然也时常看到船只进港时是先露出船上半部的桅杆顶，

但是视而不见一样。

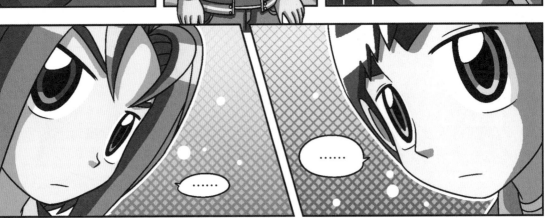

……

……

言下之意……

就是大海上的船只，最先被看到的是上半部的桅杆顶了？

呼

惊愕

范小宇!

冒火

你是韩国代表队的成员?

对啊！我的观察力很好吧！

还真是令人吃惊……

听说他是韩国代表队的！

交头接耳

得意扬扬

其他人刚看到我可能会稍微感到惊讶，但是这只不过是刚开始而已！

小宇啊！全世界的人都见识到你的无知了！

才刚开始？

吵闹

议论纷纷

……

不愧是小宇，居然可以开玩笑开得像真的一样！

哈哈哈哈

你吃药的时间到了！我们赶快走吧！

什么？

砰

嗯？

强行拖走

集中一下精神！范小宇！

如果不想让全世界的人都知道你有多么无知，就认真一点儿！

不过……士元没有刷牙呢……

没事没事！赶快开始吧！

这是最基本的实验！

仔细看好了！

这颗篮球就是圆圆的地球！

呼

然后这个是浮在大海上的船。

你是站在陆地上观看的人。

点头

船只现在离你越来越远了。

嗯！

呼呼

船消失了吧？

这个嘛……

啊！船舷消失了。

现在只剩下桅杆顶！

很好！船只现在要再度驶向你啰！

哇！

船长！有船正要开过来！这次先看到的是船的桅杆顶！

啊，对了！开幕式！

江士元，你也要早点儿睡！如果开幕式迟到的话，依照你的个性来看，你肯定会大发脾气，对吧？

对吧？

对吧？

小心

……

翼翼

唰

……

愣住

我先去睡了。

哼！你明天就会知道我在笑什么了！

奸笑奸笑

江士元！期待你明天在开幕式帅气登场！虽然过程会非常不顺利！

沙拉酱

惊！

唰唰

散开

阳光灿烂

啾
啾
啾

睁眼

跑跑跑跑

这是让全世界知道
我的绝佳机会呢！

我是韩国代表队
的成员！

现在请
马上让我
入场！

撞

让开！！

我迟到啦！

呼！
终于到了！

会场
入口处

会场

加速前进
跑跑跑

等一下，这位同学！
你想要去哪里？

吓一跳

我是韩国代表队的成员，现在请马上……

让我入场……

代表队会在开幕式开始后入场，现在距离开幕式还有三十分钟，请稍待片刻。

什么？还有三十分钟？

对啊，开幕式九点才开始。

八点三十分？

会发生这种情况的原因只有一个！

我手表上的时间是九点三十分。

那就是我被整了！

士元那家伙把我的手表调快了一小时！

啊！

一小时？

64

65

改变世界的科学家——哥白尼

尼古拉·哥白尼
（1473—1543）
在大家都相信地心说的16世纪提出了日心说。

尼古拉·哥白尼（Nicolaus Copernicus）是波兰的数学家和天文学家，主张地球绕着太阳公转的日心说，是近代天文学的奠基人。哥白尼在大学时期修读医学、数学、天文学和法学等科目，后来成为神父。哥白尼利用自己在教堂屋顶上的天文台所观察到的天体信息，整理出行星的位置图，并以数学理论来计算天体的运行。他从记录结果中发现宇宙的中心不是地球，而是太阳。哥白尼以这个研究结果为理论基础，亲自执笔写了一本讲述地球是绕着太阳运行的《天体运行论》。

不过，当时教会人士和大部分民众长久以来都一直奉行行星和太阳是绕着地球运行的地心说，所以无法接受这个颠覆他们信念的主张。由于《天体运行论》的内容违背了教会公认的"地心说"，所以这本书在哥白尼生前一直没有对外公开，直到1543年哥白尼去世后才发表。不过，这本书在1616年时被教会列为禁书，就这样过了200多年，一直到1835年才从禁书名单中撤除。

哥白尼的"日心说"虽然不同于现在的太阳系结构和天体，也没有提出地球自转和公转的证据，但他提出的宇宙体系，却带领着当时仍属于占星术水平的天文学往前迈进一步，使天文学成为一门科学，对后来的开普勒、伽利略、牛顿等人的研究有着很大的影响，奠定了近代天文学的基础。

哥白尼所描绘的太阳系
以太阳为中心画出各行星和其运行轨道。

地球是在自转轴倾斜的情况下绕着太阳公转的，所以地球上才会出现春、夏、秋、冬四季。韩国因为属于中纬度国家，所以四季特征更为分明。

春天时，随着气温回暖，植物发出嫩芽，花朵开始绽放。春分之际，白天和夜晚几乎一样长。

夏天时，气候闷热，会出现梅雨季和洪水，植物的枝叶日益茂密。夏至是一年中白天最长的时候。

秋天时，气候凉爽，晴空万里，枫叶凋落，果实慢慢成熟。秋分之际，白天和夜晚又变得几乎一样长。

冬天时，气候寒冷干燥，开始下雪，大部分植物的叶子都掉光了，只剩下树枝。冬至是一年中白天最短而夜晚最长的时候。

惊险的入场式

70

全部都让开！

唰唰唰

小宇！我们在这里！

让开啦！

撞

？

嗯？

我是韩国代表队的成员！

拜托！

现在请马上让我入场！

嗯？

会场入口处

那个人不是小宇吗？发生什么事了？

议论纷纷

我要过去关心一下吗？

什么？你说开幕式还没开始？现在是八点三十分？

轰隆

大概猜得出来是怎么一回事了……

无语

这是昨天进入饭店之前分给我们的背包啊！

而且还吩咐我们今天要背这个过来，你忘了吗？

啊，听你这么一说……

你的东西放在这里哟！

我现在没心情听你说这些！

我告诉过你哟！

嗯

聪明好像是跟我说了些什么……

所以今天所有人都背同样的背包了？

当然啦，这样入场游行时才会整齐划一啊！

哦哦！

入场游行？还有这种东西？

咣当　咣当

对啊，上次开会时不是讨论过了吗？

其他国家的参赛队伍也都有准备！

你当时好像睡着了。

铛

哇！真的呢！

73

啊！

瑞娜？你真的来这里了哟？

不必这样大惊小怪吧？

不过，其他人呢？

我有句话一定要跟你说……

嗯？什么？

你昨天……

莫非士元有话想跟我说？

啊！昨天一起看木星的朋友？你们跟瑞娜是同一个实验社的吗？

一定很累吧？

啧啧

还好啦……

嘿嘿

不过你们没有为了入场游行做准备吗？

准备？

这个吗？

这个？

这个吗？

啪

啊

啊

啊

呃，我有事要忙，先走了！

你要去哪里？不是有话要跟我说吗？

以后再跟你说！我现在真的很忙！

以后是什么时候？现在就说！

我这人最讨厌别人话说一半了，你不说我就不让你走！

知道啦！我就速战速决吧，仔细听好了！

瑞娜！我说这些都是为了你好，

你为了见士元，追到奥林匹克竞赛会场来，绝对是一个大错误，因为那小子不值得你为他这么做！

居然跑到这里来追着这种小气又自私的家伙，我觉得你根本是在浪费自己的生命！

嗯？那个孩子是怎么了？

好像不太对劲……

水雾一直遮住我的脸！

咳咳 咳咳

不要一直往我脸上喷啦！

你为什么要把背包背在前面？

要与众不同嘛！

水雾迷漫

哗哗哗哗哗

看不到前面！

水的震动……

噗噗

颤抖

我们的作品概念是韩国的震动……

水雾……

哈哈哈哈

不要踩我的脚！

颤抖

颤抖

这家伙居然在全世界面前做出这种蠢事！

居然让这种没水平的家伙取代了我们太阳小学的位子！

愤怒

敲

水冒三丈

谁啊？我不是说过不准打扰我吗？

哎呀……

呵呵！不是说不在意吗？怎么看起来很关心我们学校实验社的分组情况呢？

是担心我们黎明小学实验社会在奥林匹克竞赛中拿到冠军吗？

嗯……

先看一下第三组的名单吧！

我担心的其实是黎明小学在预赛没拿到任何一场胜利，就遭到淘汰了。

……

第三组对决名单

英国 B	
俄罗斯 A	
巴西 A	
韩国 B	

对手实力强劲！俄罗斯队和英国队都是曾经进入决赛的强队！

我们黎明小学则是第一次参赛……

如果他们连败惨遭淘汰的话，你应该会很生气吧！

猛然

不会的!

至少……

吓一跳

至少有一队会赢!

指

其实我从昨天开始就担心到睡不着觉,一闭上眼睛就开始做噩梦!

虽然学校老师跟我说不用担心,但是……

拜托你跟我说我们实验社至少有一队会赢吧!如果能听到你这样说,我应该会放心一点儿。

但我真的非常不安,所以才跑来这里找你!

含泪

哭丧着脸

绝不会全军覆没吧?黎明小学的运气不错,说不定……

真的吗?

谢谢你。

抽签分组就此告一段落,

比赛进行方式……

叹气

嗯

各组前两名将可以进入决赛，决赛的顺序则要等到预赛结束后再决定。

希望所有参赛队伍都能尽力表现！

分组抽签已经结束了？

你顺利找到厕所了吗？

不过，对战队伍真的不是开玩笑的。

真的有那么强吗？

再怎么说，我们都比未来小学幸运一点儿。

未来小学实验社的第一个对手，就是去年奥林匹克竞赛的冠军……

哇！真的好酷哟！

嘿

我是太阳？

想太多了！他说的不是你，而是全部的人啦！

好！这真的是让各国参赛团队印象深刻的开场礼物。

哇啊啊

哇

哗哗哗

希望各位心中对实验的那份热情，能够永远如此耀眼夺目！

你最棒了！

啊！

哨哨哨

愣住

95

地球运动和历法

　　古人为了推测地球白天与黑夜的变化规律，编制出了历法。古代的历法始于以月亮的形状变化为基础的太阴历，后来渐渐演变出同时考虑太阳和月亮运行的阴阳历（农历），以及以太阳运行为基础的太阳历，经过长时间的修正和补全，最后才逐渐形成今天使用的历法。

太阴历

　　太阴历是一种以月亮的形状变化为日期基础的历法。月亮的盈亏变化可以用肉眼清楚观察到，从一开始看不清楚月亮模样的朔月，到新月、

将月亮的形状变化的一个周期设为一个月。

新月　上弦月　满月　下弦月　残月

上弦月、满月、下弦月、残月，直到月亮的形状再度变回朔月之前为止，其变化周期大约是 29.5 天，具有相对规律性。太阴历虽然是历史上最早使用的历法，但因为这种历法一年的长度只有 354 天（29.5 天 × 12 个月），比实际的地球公转周期 365 天少了 10 天以上，故有着日期与季节不一致的缺点。目前土耳其等地使用的伊斯兰教历就是太阴历，主要用于宗教仪式。

　　阴阳历是一种结合太阴历和太阳历的历法。这种历法以月亮的形状变化为月份的基础，四季变化则是以太阳的运行为基础，即一个月有 29 或 30 天，每二到三年会有一年再多加一个月，变成一年十三个月，以此减少季节或日期误差，其中多出来的这一个月就称作闰月。这种阴阳历广泛使用于古代的中国、日本、以色列和巴比伦帝国等地。韩国在统一新罗时代到李氏朝鲜期间，也是使用这种历法。我们今天用来标记某些节日或生日所使用的农历即为阴阳历。

太阳历

太阳历是一种以太阳运行周期为日期基础的历法，又称作阳历。太阳历最早出现在埃及，是埃及人为了推测尼罗河泛滥周期，长期观察天狼星而逐渐制定出来的历法。天狼星一直都是古埃及人的观星重点。通过长期观察，古埃及人发现，

每当天狼星在日出前出现在东方天空的某一固定点时，尼罗河就会开始泛滥。所以古埃及人将此日视为一年的第一天，并且计算出天狼星下次再出现在同一位置所需时间为 365 天，于是就将 365 天视为一年，就此制定出了太阳历。后来，太阳历又发展成儒略历和格列历，成为现在世界通行的历法。

TIP 儒略历和格列历

公元前 46 年，罗马统帅儒略·恺撒改革了古埃及人所创的太阳历。埃及人计算出来一年有 365 天，但是实际上地球公转周期为 365.24219 天，所以会产生误差。因此儒略·恺撒制定出每四年出现一次闰年（该年 366 天）的儒略历来减少误差。在 16 世纪末之前，儒略历一直盛行于欧洲地区，不过儒略历每一年会比实际太阳公转周期快 0.00781 天，这微小的差距在经过千年后，变成了 7.81 天的误差。为了解决这个误差，格列高利十三世颁布了比当时通行的儒略历快了 10 天的格列历，仍然规定每四年在 2 月底设置一个闰日，又添加了一些规则，让格列历的历年平均长度大约为 365.2425 天，与地球公转周期大致上相近。时至今日，全世界大部分国家都是采用的格列历。

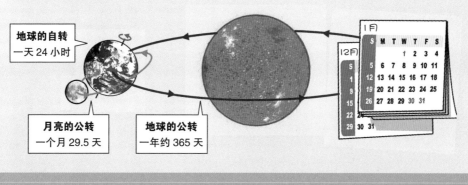

太阳的宇宙秀

……

冷风飕飕

……

田……
田在远……

咯吱

咯吱

……

哈哈！田在远，你喜欢吃坚果啊？我的也给你吃吧！

聪明！这种事你怎么可以到处宣扬呢？

什么？

黑黑

哈哈

世界上哪有绝对的输赢，比了才知道嘛！

就算美国队再强，也不会永远都赢，不是吗？

比赛前要摄取充足的坚果才行！坚果可以活化大脑，对皮肤也很好。

狼吞虎咽

所以呀……

哎呀！坚果都吃光了，

嘣嗒

嘣嗒

要再多吃一点儿坚果才行。

多吃坚果真的会让脑袋变聪明吗?

惊!

请给我满满的坚果!

好的!

应该是变得更古怪吧?

今年是田在远第二次参加奥林匹克竞赛了,而且就跟小宇说的一样……

一胜都没拿到。

连一次都没赢过?

因为第一场就遇到太强劲的对手,所以瞬间败北了。而去年第一场遇到的对手,就是美国队。

那不就跟现在的情况一模一样了吗?

不,情况并不相同,因为那时候没有我们。

当时的代表队只靠田在远一个人苦撑,只要他撑不住了,马上就会全军覆没。

田在远将我们这些就读不同学校的人聚集在一起，组成了一个最强的代表队。也许从那时起，

他就在等待这一天的到来。

再多给我点儿！

啊，当时大田小学实验社的人曾经这样说过……

田在远根本不把我们当作伙伴！

奥林匹克竞赛真的重要到足以抛弃自己的伙伴吗？

听说晚上会有精彩的烟火秀，本来还十分期待……

原来我们没资格开心啊！

原本的好心情都被某人破坏了。

别这样嘛！聪明不是故意说出去的。

我根本没说过，好吗！

104

105

第一次看到这种菜！

这个也是！

这也是刚送出来的新菜！

菜品的种类还真是数不胜数啊！

呼噜噜

大快朵颐

奥林匹克竞赛果然很棒！

中国菜的特色是当人数越多时，增加的不是内容量，而是菜肴的种类。

也就是说，会推出更多种类的菜品。

难怪会一直吃到新菜！

嗯！

嗯！

慢慢享用吧，食物还很多。

呵

噗

你……你！

江……江……

你已经忘记我的名字了啊！范小宇？

呵

我看到你在开幕式上的表演了，你可真是下足了功夫啊！

比起你去年做的机器人，我这只算是小孩子玩具的水平罢了！

谦虚什么！

这是什么情况，他们两人很熟吗？

去年的舞台只是单纯的炫耀展示，不过你准备的舞台可是另藏玄机哟！

另藏玄机？

什么？

在最后那一瞬间，出现了全世界的代表队都聚集在中国的画面，而且其他国家的灯都灭了，只剩下中国在地球上闪闪发亮。

这该不会是在暗示这次的奥林匹克竞赛，将会由中国拿下最后冠军吧？

对了！原来如此！

居然在开幕式上公然玩这种小把戏……

108

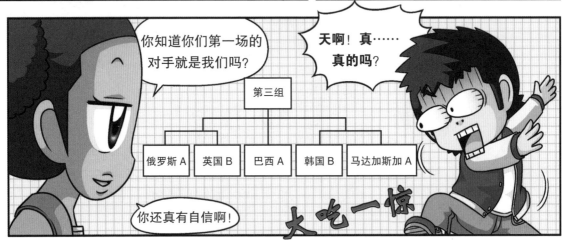

115

伙伴们，我们走吧！

啊？

如果连那个位子都被其他队占了，该怎么办？

我们去其他地方看看吧！

对啊，我们的对手是马达加斯加队！虽然实力不明，但应该比英国或俄罗斯弱，如果我们能多准备一下……

就有可能会赢。

也是啊，毕竟这是一场很重要的比赛。

大家都忙着为明天的比赛做准备……

适当的有氧运动有助于提高注意力。

嗯？

实验并不是短时间的脑力竞赛，

心情越是紧张，脑子就会越转不过来，连原有实力都无法正常发挥。

哨

士元好像也会打乒乓球呢！

连我都不知道，

他真是无所不能啊！

嘭！

黑！

而且科学并不只存在于实验室中。

嗯？

让乒乓球弹高，增加球的位能后，

唰 唰

利用乒乓球降落时产生的动能，将球快速击出。

哨

120

打乒乓球时要提起脚后跟，让身体随时保持可移动的状态。

这就是惯性。

惯性定律！运动中的物体会保持原本的运动状态！

很好！运用球拍的重量来击球！

牛顿第二运动定律！

嗯，所以你们是要练习牛顿运动定律吗？

实力还蛮不错的嘛！再多展现一点儿给我瞧瞧吧！

刚才已经跟你说过了……

请你离开……

我刚才听到声音了！实验结果出来了吗？

成功了吗？

什么嘛！那个小子……

一直在旁边嘟囔，我根本无法集中精神！

怎么说都不听。

那我就先去看看那边的实验，晚点儿再过来。

左顾右盼

不过，我的伙伴们到底跑去哪里了？

该不会……

正在心急如焚地找我吧？是这样吗？

有气无力

首风飒飒

心怡，我们成功了！我们赢了！

哈！我们可能是乒乓球神童哟！

一片和谐

现在是 1 对 2 的比赛，而且你们到目前为止根本就是乱打一通，

要来一场正式的比赛吗？

唉！

北极的昼夜长度

实验报告	
实验主题	了解北极的昼夜会随着季节不同而发生什么变化。
准备物品	❶ 地球仪 ❷ 没有灯罩的台灯 ❸ 时间板 ❹ 观测者基座 ❺ 双面胶 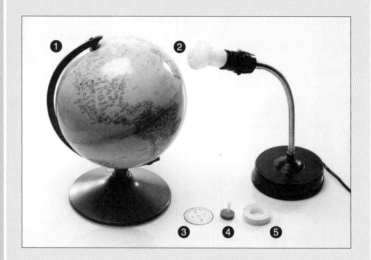
实验预期	地球的自转轴呈现倾斜状态，所以北极地区的冬天只有黑夜，夏天只有白天。
注意事项	❶ 在夏天和冬天的位置上进行实验时，地球仪和灯泡的距离要保持一致。 ❷ 将时间板贴到北极点上的转轴位置时，白天部分（中午 12 点）要朝着灯泡所在方向。

❶ 将观测者基座贴在地球仪上的北极圈区（大于北纬66.5°）。
❷ 让地球仪在夏天的位置上自转，测量白天和夜晚的时间长度。
❸ 让地球仪在冬天的位置上自转，测量白天和夜晚的时间长度。

实验结果

测量位置	夏天	冬天
白天长度	24 小时	0 小时
夜晚长度	0 小时	24 小时

夏天   冬天

从观测者基座的角度来观察，会发现夏天时，太阳整天都不会下山，一直
是白天；而冬天时，太阳整天都不会升起，一直是黑夜。

这是什么原理呢？

　　北极区不同于中国所处的位置，在夏天时太阳不会下山，一整天
都是白天；在冬天时太阳不会升起，一整天都是黑夜。这种现象是地
球在倾斜23.5度的情况下自转所造成的。夏天时，自转轴朝着太阳
的方向倾斜，所以在地球自转一圈期间，阳光都会持续照射着北极圈，
就算到了晚上，天空也是亮的。冬天时，自转轴是背对着太阳的方向
倾斜，所以整天都看不到阳光，都是黑夜。夏天时，太阳终日不下山
的现象叫作极昼，又称为永昼；冬天时，太阳终日不升起的现象则叫
作极夜，又称为永夜。

独家烟火

啊……

二氧化碳全都跑光了。

重做一次就好。

范小宇！这里是个人练习室！你怎么可以不先敲门就随便闯进来？

说这话也太伤人了吧！

我是为了和你们一同留下观赏烟火的美丽回忆，才亲自跑过来叫你们的呢！

不知道感谢就算了，居然还对我那么刻薄？真是不识好人心啊！

我们不是为了看烟火才来参加奥林匹克的！

田在远，你会去吧？

听说今天的烟火十分壮观精彩哟，我们这一队已经约好一起去看，我可是特别来找你的哟！

嘿嘿嘿

谢谢你跑这一趟，

但是我们正在重新研讨失败过的实验，这对我们来说非常重要。

有什么好谢的？

失败过的实验？

探头探脑

你们也有过失败的实验?

不要再跑来打探消息了,可以请你出去吗?

指

打探消息?我们是同一队的啊,有什么好隐瞒的?

同一队?

虽然我们都是韩国代表队,但并不表示我们是同一队的,你们的成绩跟我们毫无关系。

而且万一你们进入决赛的话,我们还有可能变成对手。现在懂了吧?

预赛遭到淘汰……

凄惨

得到奥林匹克竞赛冠军!

王

冷淡

话是这么说没错,但……

……

你也不要在这里浪费时间了,好好去准备明天的比赛吧!

开门

如果因为没有尽力而输掉比赛的话……

啊！我们刚才在实验室里见过面吧？

你们也来看烟火吗？

啊，是刚才那个小子。

你没看到我们正在进行实验吗？

……

愣住

啊！

那一队……

大家就算来到外面，也继续在进行实验练习吗？

是跟我们一起离开实验室的那一队吧？

对啊，居然片刻也不休息。

我们也要发愤图强！

嗯，我们回实验室继续做实验吧！

快走吧！

我们回去！

135

即将开始的烟火秀，也蕴含了科学原理！

达到某种高度会爆发，绽放出火花的火药！

还有让烟火变得五彩缤纷的金属元素！烟火可是集各种科学原理于一身的产物啊！

火药从发射管中获得推力，发射到天空中。这是作用与反作用定律。

砰

砰

璀璨

是，但是烟火秀又不能拿来当作比赛的实验。

比起今天的快乐，我们更重视明天的收获。

冲击

哼！随便你们啦！烟火秀一旦开始，你们就会后悔说过这些话的！你们真的有办法集中精神做实验吗？

怒！

等着瞧吧！到时候你们一定会全部冲出来看的！

精彩的烟火秀……

滴

嗯？

哗啦啦啦啦啦

先保护好装备！

慌忙

有人拿过来了。

呼！都被淋湿了！

遮雨布不够了！

这边！

预定在今晚八点开幕的烟火秀，

哗啦啦啦

因为突然下雨的关系而暂时延后，等观察天气情况后再做进一步打算。

不过，你为什么独自一人在这里？不是说要带未来小学实验社的人一起来吗？

滴

滴

错了！

大家……

都整天待在实验室里面进行实验。

嗯？

就算如此，我还是相信烟火秀开始时，大家都会跑出来看！

这场雨却打乱了我的计划！为什么偏偏现在要下雨？马上停止！

哗啦啦啦啦

呜啊啊啊啊

没听说今天会下雨啊！看起来还会再下一阵子。

这样一来，烟火秀不就要取消了吗？

我们进去吧！

嗯！

议论纷纷

即使如此，看到雨时还是觉得很高兴。

滴答

呼

滴

什么？高兴？

呜

这种话你怎么说得出口！

嗯？露！

哗啦啦啦啦

141

你知道的还不少嘛！

我去过撒哈拉沙漠！感觉就像是到了另外一个世界！无边无际的沙子和炎热的天气……

非洲大陆位于赤道附近，接收太阳热能最多，所以大多属于炎热地带。

是哟！难怪！原来是因为太阳热能都集中在赤道附近，

北极和南极则是四季都很寒冷。

对啊！地球是圆的，每个地方接收到的太阳热能会不一样！

接收太阳热能的角度不同，气温自然也会高低不同。

他们两个现在，

好像在鸡同鸭讲啊！

无语

不过，你说的是什么角度啊？

就是太阳入射角啊！

伙伴们，赶快回到地球吧！

可以跟你们借一下温度计吗？

叹气

转头

你说这个吗？为什么？

正如你看到的一样，现在需要做实验。

角度？

气温随着纬度而变化的实验！

啊！

这么说来……

嗯，谢谢。

应该需要用到三根温度计吧？

这个地方蛮适合的。

你要进行什么实验啊？

就是气温随着纬度而变化的实验啊！接收太阳热能的角度不同，会让地表温度产生差异……

哦？

143

啊！他说的是这个角度啊！倾斜角度！

让这三根温度计的其他条件都相同，只有倾斜的角度不同。

现在三根温度计的读数都是 15℃，然后呢？

45°　90°　10°

那个……如果要进行这个实验的话……

用黑纸将温度计的尾端包覆住，就可以比较得到的结果了。

你应该需要充当太阳的手电筒吧！

咔嗒

啪

哗啦啦啦

现在就拿着手电筒照射五分钟左右。

第一根温度计的倾斜角度接近 90°，第二根是 45°，第三根是 10°。

90°　45°　10°

在同样距离下接收手电筒的热能。

就如同地球各地接收太阳热能的角度不同一样，

第一根温度计的倾斜角度大约等于赤道附近，第二根温度计是中纬度地区，而第三根温度计则是极地地区。

10°　45°　90°

炎热

炎热

照射

啊……

温度渐渐升高了！

呼

嗯！第一根温度计的温度最高！

骚动

骚动

骚动

往下依次是第二根温度计和第三根温度计。

145

这是因为接收热能的面积会随着角度不同而有差异！

啊！

真的呢！

22℃

19℃

16℃

呼呼呼

第一根温度计是22℃，一开始是15℃，所以是上升了7℃。

第二根温度计上升了4℃，第三根温度计则是上升了1℃！

啊，我知道了！

虽然接收了一样多的能量，但因为角度会影响手电筒的照射面积，所以上升的温度也会跟着不同！在能量固定的情况下，照射面积越小，每单位面积分配到的能量就越多，照射面积越大，每单位面积分配到的能量就越少。

啊

90°

45°

10°

那些人……

好像跟以前不一样了，刚才连看对方一眼都不想看呢！

这是理所当然的事。

嘿

为什么会是理所当然的事？

拥有不同的想法，实力也各有高低，但是……

为了得到想要的东西，大家可能会选择完全不一样的路，

我们聚集在这里的动机就只有一个，那就是实验！

你是说……

聚集在这里的我们……就像是组成了一个大实验社？

不过话说回来……

这些事情也是靠观察得知的吗？还是看书学到的？

今天人们知道的大部分知识，都是从观察开始的。

那么……

大会报告，根据气象报道，

所以来自世界各国的我们才会在此相遇啊！

这场雨会持续下到明天早上，所以今晚的烟火秀要取消了。

什么？

骚动

骚动

骚动

真的吗？

取消？

150

气温随着季节变化的实验

	实验报告
实验主题	了解气温为什么会随着季节不同而发生变化。
准备物品	❶ 白炽灯台灯 ❷ 纸板 ❸ 尺 ❹ 胶带 ❺ 量角器 ❻ 图钉 ❼ 剪刀 ❽ 黑色纸 ❾ 3 支温度计 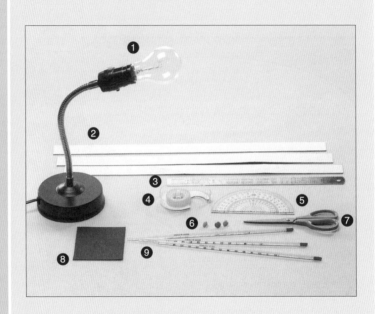
实验预期	接收光热的纸板会随着倾斜角度不同而出现温度差异。
注意事项	❶ 温度计与灯泡之间的距离、黑色纸的厚度，以及温度计一开始的温度等条件都要相同。 ❷ 装置温度计时，为了能够准确反映真实的温度，最好不要让温度计底部触碰到桌面，以免被桌子的温度所干扰。

实验方法

❶ 剪出三条宽 3 厘米、长 60 厘米的纸板，然后分别在 15 厘米和 30 厘米处对折。

❷ 利用量角器将三条纸板的倾斜角度分别调整为 90°、45° 和 10° 后，再用胶带粘贴固定。

❸ 在每张纸板离地面 2 厘米位置处，分别用胶带粘上一支温度计。

❹ 用 3 张同样大小的黑色纸覆盖在 3 支温度计的底部。

❺ 分别将图钉固定在 3 张纸板上半部的同一位置。

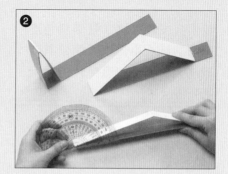

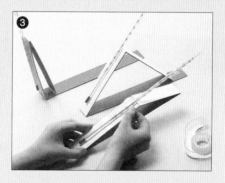

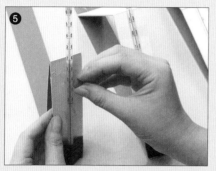

⑥ 确认 3 支温度计的温度一致后，将三张纸板平行摆放，然后将台灯放在距离纸板 30 厘米处，打开台灯开关。10 分钟后，观察温度计的温度变化并记录下来。

实验结果

我们会发现，这 3 张倾斜角度不同的纸板中，纸板的倾斜角度越大，其上的温度计的温度就升得越高。

纸板的倾斜角度	90°	45°	10°
上升温度	8℃	5℃	1℃

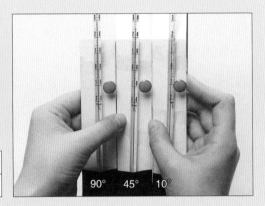

这是什么原理呢？

在上述实验中，白炽灯代表太阳，纸板的倾斜角度是太阳高度角，测量出来的温度是地表温度，图钉代表住在地球上的人。太阳的高度角在一天之中不停地变化，太阳在正午时高度角的度数达到最高。夏季时，太阳高度角的度数较高，固定面积上接收到的太阳热能较多，所以地表温度变高。冬季时，太阳高度角的度数较低，固定面积上接收到的太阳热能较少，所以地表温度变低。

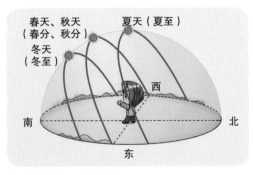

站在北回归线上的观察者

我再也受不了了！

G博士的实验室

肚子真的好饿呀！博士，我们已经两天没吃东西了。

再忍一下，我明明就把栗子放在这里了呀！

翻箱倒柜

这是什么？

这是我爷爷留下的谜题！

纬度约37°
经度约127°
橡树下

说是有宝物藏在橡树下，但是范围也太大了，要我从何找起呢？

咕噜噜

我总觉得那棵橡树……

你真是天才！居然破解了爷爷留下来的谜题！

我们变成大富翁了！

大快朵颐

珍藏100年的橡子是人间极品啊！

经度和纬度是用来标示地面点的位置的坐标系统，经线是连接南、北极的直线，以本初子午线为 0° 基准，左右各分为西经和东经。

西经　东经　本初子午线
45° 30° 15° 0° 15° 30° 45°

经度位置相近的地区拥有相似的时区，所以当韩国当地的时间是中午 12 点时，日本和澳大利亚等地的时间也差不多是中午 12 点。

纬线是连接地球东、西向的横线，以赤道为 0° 基准，上下各分为北纬和南纬。

埋了多年的橡子最棒了！

90°
75°
60°
45°
30°
15°
0°
15°
30°
90°
北纬
南纬
赤道

纬度位置相近的地区拥有相似的气候，所以去日本、韩国、西班牙和土耳其等地旅游时，只要依照中国的季节来准备衣服就行了。

第六部

第一场对决

158

哇啊啊

哇！
是烟火……

哇！

咔嚓

怎么回事！
他只是拿着画
圈而已啊！

就是说呀！
居然拍出烟火
的运动轨迹！

你们看过星星
的周日运动吗？

周日运动？

你说的周日运动，指的是因为
地球绕轴自转，在地球上的观
测者眼中，则变成其他天体以
反方向移动吗？

太阳

月亮

地球

白天

夜晚

太阳移动到
西方了！

没错，太阳和星星事实上都没有移动位
置，但因为地球自转的关系，所以地球
上的观测者会看到太阳升起又落下，也
会看到星星从东往西移动。

晚上7点

凌晨5点

159

连续拍摄天空 24 小时的话，就会看到星星呈现圆周的轨迹。

我也看到过吗？

对！我看到了！

所以就如同连续拍摄会拍到星星的轨迹一样，拍摄移动中的火花也能拍出线条轨迹？

没错，只要调整相机的光圈和快门速度，就能拍出来了。

而且还能拍出图案或文字哟！

听说毕加索曾经利用这种摄影方式来作画。

毕加索
1949 年，毕加索在相机面前利用灯泡作画，拍摄出了光绘作品。

哇！

你说的是那位天才画家毕加索吗？

所以我们可以像艺术家一样用光影作画吗？

现在把全部的灯都关掉，可以让拍摄出来的光影图案变得更明显。这里有足够的荧光棒让所有的人一起玩。

啪

谁要先开始呢？

161

奥林匹克竞赛实际上就是一场庆典。

啪哧哧

这里聚集了全世界喜欢实验的人，大家钦佩感叹彼此的实验之余，也互相勉励和学习，本来就是一场盛会。

烧光了！

哈哈

就如同我们现在一起站在这里一样。

打嗝

什么嘛！那家伙干吗突然感性起来？

搞得我突然觉得有点儿羞愧。

之前对他做的那些事……

松散

惊

咦？那双不是我偷偷拆掉鞋带的运动鞋吗？

162

倾盆大雨

真正的庆典才开始！

天空放晴

动作快点儿！这样下去会抢不到好位置的！

跑 跑

她也太心急了吧？距离比赛开始还有一个小时呢！

既然都来到这里了，当然要想办法坐在好的位置观赏比赛呀！

你们以为我真的只是为了抢到好位置才会那么早起吗？

现在可是在前往休息室的路上巧遇士元的大好机会啊！

等一下！

这家伙又怎么了？

观众入口处是在那个方向，

这个方向是前往会场内部吧！

往这边走有捷径……

干笑

你该不会不想排队，想在参赛者的帮助下直接插队入场吧？

大怒

你在胡说些什么啊！

瑞娜怎么可能会有这种卑鄙的念头呢！

她只是一时搞错方向了。对吧，瑞娜？

我……

握

不行！我一定要见到士元！而且还要在非常自然的情况下！

绝不能就此放弃！

天啊！我忘了带一样东西了！

你们先进去吧！

脸红

挥

我回去拿完东西，马上……

等一下！

什么嘛！

这样子要我怎么见士元……不对！是看比赛！

还好吧？

啊！

湿答答！

赶快回去换衣服吧！

从这里进去！

好。

看什么！

闪开！

今天是你们的赛程中相对最轻松的一战，希望你们能够赢得比赛。

先赢过简单的对手，接下来比赛的压力就不会那么大！

一窝蜂

我觉得……

世界上没有什么简单的对手，我们唯一能做的就是尽全力！

……你想要这么说吧？

少装了！

呵呵

团队默契还真好！

嘿嘿

今天不知道为什么总是觉得心情很好！就连昨天不见的梳子都找到了。

把牙齿恢复正常了。

难怪感觉你看起来跟以往比赛时不一样，充满了自信！

这是好兆头！

太好了！

砰

171

那么，现在就请两队分别派出三位参赛者出来参加这场竞赛。

唰

三位！

怦怦

奥林匹克竞赛中，最重要的是全国大赛所没有的理论竞赛。

十五分钟前

之前提过了，

休息室

这场理论竞赛的参赛人数只有三位！

总共会出三道题目，每题十分，得分是三道题目分数的总和，满分是三十分！

紧张

什么?
你说换就换吗?

怎么可以在比赛前夕临时更换参赛者!

你现在是边笑边发睥气吗?

因为,就今天的状况来看……

嗯。

眉开眼笑

太好了,现在终于能够喘气了。

气喘吁吁

你……
不生气吗?

那小子的一句话就把你换下去了!

为什么要生气?
我们是同一队的啊!

当然要派出对团队最有利的参赛组合。

啊……

呼!

你一定要好好表现哟!

呵呵呵呵呵

说得没错!
江士元现在就是为了团队而向我低头,请求我的帮助!

啪嗒
啪嗒

地球的自转

地球自转指的是地球绕着通过南极和北极的自转轴，由西向东自转，自转一圈为24小时。地球的自转，不仅让地球拥有白天和黑夜、涨潮和退潮，还形成了太阳、月亮、星星等天体宛如在空中移动的周日运动现象。除此之外，地球的自转也让世界各地拥有不同的日出、日落时间。

周日运动

以北极星为中心，连续拍摄下所呈现的星星周日运动。

我们在地球上观察星星时，会发现星星看起来像是在空中转圈。其实星星并没有移动位置，是地球绕着自转轴自转让我们产生了错觉，其原理就如同坐在行驶中的车子里往窗外看时，会看到景物往后移动。像这种星星、月亮或太阳看起来像在空中慢慢移动的现象，就称作周日运动，其移动方向与地球自转方向相反，是由东向西移动。

昼夜与时差

地球每天都会自转一圈，在地球自转过程中，面向太阳的半个地球是白天，背向太阳的半个地球是黑夜，反复交替。除此之外，因为地球是由西向东转，每小时移动15°，所以每往东移动经度15°，时间就会快一小时，这样就形成了时差。

黑夜　白天

从宇宙中拍摄到的地球上的白天与黑夜

地球的公转

地球公转是地球以太阳为中心做圆周运动，公转一周大约为365天。在地球的公转轨道上，距离太阳最近的点称为"近日点"，距离太阳最远的点称为"远日点"。地球的公转形成了季节交替，让地球上的人在不同季节仰望夜空时会看到不同的星星，还让每天的昼夜长度发生变化。

我会继续绕着心怡公转的！

季节的变化

因为地球是在自转轴倾斜23.5度的状态下绕着太阳公转，所以地球上各地区所接收到的太阳热能会因地而异，形成了春、夏、秋、冬的四季变化。当太阳光直射时，气温升高而形

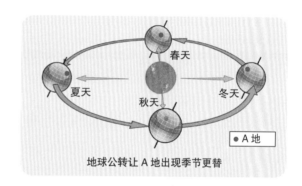

地球公转让 A 地出现季节更替

成夏天；当太阳光斜射时，气温相对降低而形成冬天。如果地球是在自转轴垂直于公转轨道面的状态下绕着太阳公转，地球上各地区所接收到的太阳热能就会一直维持不变，自然就不会有四季变化了。

南北半球的季节相反

将地球以赤道为基准分成两个半球，分别为南半球和北半球。南、北两半球的季节完全相反，当阳光直射南半球时，北半球接收到的太阳热能较少，形成冬天；相对地，此时的南半球则是夏天。另外，当北极朝着太阳这边倾斜时，北极会出现太阳整天不下山的极昼现象，南极则会出现整日黑夜的极夜现象。

图书在版编目（CIP）数据

经度与纬度/韩国故事工厂著；（韩）弘钟贤绘；徐月珠译. —南昌：二十一世纪出版社集团，2019.4（2025.3重印）

（我的第一本科学漫画书. 科学实验王：升级版；27）

ISBN 978-7-5568-3489-1

Ⅰ. ①经… Ⅱ. ①韩… ②弘… ③徐… Ⅲ. ①经度－少儿读物②纬度－少儿读物

Ⅳ. ①P901-49

中国版本图书馆CIP数据核字(2018)第106511号

版权合同登记号：14-2015-012

审图号：GS（2021）3813号

我的第一本科学漫画书

科学实验王升级版❷经度与纬度 [韩] 故事工厂/著 [韩] 弘钟贤/绘 徐月珠/译

责任编辑	杨　华
特约编辑	任　凭
排版制作	北京索彼文化传播中心
出版发行	二十一世纪出版社集团（江西省南昌市子安路75号　330025）
	www.21cccc.com cc21@163.net
出 版 人	刘凯军
经　　销	全国各地书店
印　　刷	江西千叶彩印有限公司
版　　次	2019年4月第1版
印　　次	2025年3月第10次印刷
印　　数	76001～85000册
开　　本	787 mm × 1060 mm 1/16
印　　张	11.25
书　　号	ISBN 978-7-5568-3489-1
定　　价	35.00元

赣版权登字-04-2018-335

购买本社图书，如有问题请联系我们：扫描封底二维码进入官方服务号。服务电话：010-64462163（工作时间可拨打）；服务邮箱：21sjcbs@21cccc.com。